油气田作业安全监督检查系列丛书

地面工程
安全监督检查

中国石化胜利油田安全环保质量督查中心
中国石化胜利油田分公司技术检测中心 ◎组织编写

中国石化出版社
·北京·

内 容 提 要

本书为“油气田作业安全监督检查系列丛书”之一，以 SY/T 6444—2018《石油工程建设施工安全规范》、GB/T 50484—2019《石油化工建设工程施工安全技术标准》等标准规范为基础，在广泛开展生产作业过程危害因素识别与风险评价的基础上，以工程施工过程为主线，详细列出了地面工程安全监督所进行的安全检查项目和内容。

本书图文并茂，采用口袋书的形式，简洁清晰、易于理解，使得各级管理人员和一线操作人员都能够轻松掌握和应用，为安全监督人员现场实施地面工程安全监督检查提供了全面的技术支持和指导。

图书在版编目（CIP）数据

地面工程安全监督检查 / 中国石化胜利油田安全环保质量督查中心，中国石化胜利油田分公司技术检测中心组织编写．— 北京：中国石化出版社，2024. 9.
（油气田作业安全监督检查系列丛书）. — ISBN 978-7-5114-7618-0

Ⅰ. TE4

中国国家版本馆 CIP 数据核字第 20242E2G06 号

中国石化出版社出版发行

地址：北京市东城区安定门外大街 58 号

邮编：100011　电话：(010) 57512500

发行部电话：(010) 57512575

http : //www.sinopec-press.com

E-mail : press@sinopec.com

北京富泰印刷有限责任公司印刷

全国各地新华书店经销

*

710 毫米 ×1000 毫米 32 开本 1.75 印张 23 千字

2024 年 9 月第 1 版　2024 年 9 月第 1 次印刷

定价：30.00 元

编委会

《地面工程安全监督检查》

编委会

主　　编： 李建国　李松林

副 主 编： 邹　群　徐晓民　刘　佳

编写人员： 范　涛　刘广博　阎　昌　薛　娟

王　美　邹　燕　王逸飞　苏雪松

李慧颖　付　婧　毕　巍

前言

PREFACE

为进一步规范上游各专业安全管理，提升监督检查实效性，打造安全监管督查“一把尺子”，中国石化胜利油田分公司组织行业内专家，编写了“油气田作业安全监督检查系列丛书”。该丛书分为6个分册，内容涉及石油工程、地面工程、注采专业（陆上）、注采专业（海上）、油气集输（含原油库和储气库）、生产辅助（注汽、注氮、新能源等）。

本书以SY/T 6444—2018《石油工程建设施工安全规范》、GB/T 50484—2019《石油化工建设工程施工安全技术标准》、JGJ 80—2016《建筑施工高处作业安全技术规范》、JGJ 46—2005《施工现场临时用电安全技术规范》、中国石化“7+1”作业管理制度等标准规范制度为依据，以油气生产作业与施工现场为落脚点，在广泛开展生产作业过程危害因素识别与风险评价的基础上，以工程施工过程为主线，详细列出了安全检查项目和内容并加以整合。本书适用于上游企业地面工程现场安全检查。

目录

CONTENTS

第一章 概 述

石油天然气地面建设工程是指为新建、改建或扩建油气田建设、油气储运和与之相配套设施而进行的规划、勘察、设计和施工、竣工等各项技术工作以及完成的工程实体。石油天然气地面工程建设一般投资规模大，工程涉及专业多，质量要求高，标准规范严。同时石油天然气地面工程建设还存在施工过程可变因素众多、高空作业多、有毒有害易燃易爆介质多、施工程序复杂等因素。

石油天然气地面工程建设施工主要包括高处作业、动土作业、动火作业、吊装作业、受限空间作业、临时用电作业、盲板抽堵作业等 7 项特殊作业及一般作业，一般作业中风险较高的、缺乏对应作业规程（作业指导书）、无规律、无固定频次的作业为非常规作业。石油天然气地面建设工程中常见的非常规作业有邻近高压带电体类作业、设备（管线）试压类作业及射线检测作业。在作业过程中应按规定办理作业票，强化作业安全风险管控，规范作业安全管理，预防作业环节安全事故。

第二章　通用安全检查

本章主要介绍高处作业、动土作业、动火作业、吊装作业、受限空间作业、临时用电作业、盲板抽堵作业、无损检测、管道压力试验、邻近高压带电体类作业、承包商作业通用安全检查注意事项。

（1）作业许可证齐全有效，施工、审批等相关人员资质符合要求。一个施工点、一个施工周期办理一张作业许可证。严禁涂改作业许可证，不得擅自变更作业内容、扩大作业范围或转移作业地点。

（2）上岗人员必须进行专业操作技术培训和安全操作规程的学习，经有关部门考试合格后方可上岗独立操作。对上述人员定期进行考核，不合格者，停止作业，待重新考试合格后方可上岗工作。

（3）正确穿戴劳动保护用品，佩带工器具。监护人佩戴标识实行全程监控，禁止从事与监护无关的工作。

（4）进行涉及有毒、有害气体、粉尘作业时，应配备隔绝式呼吸防护装备、过滤式防毒面具或口罩等。

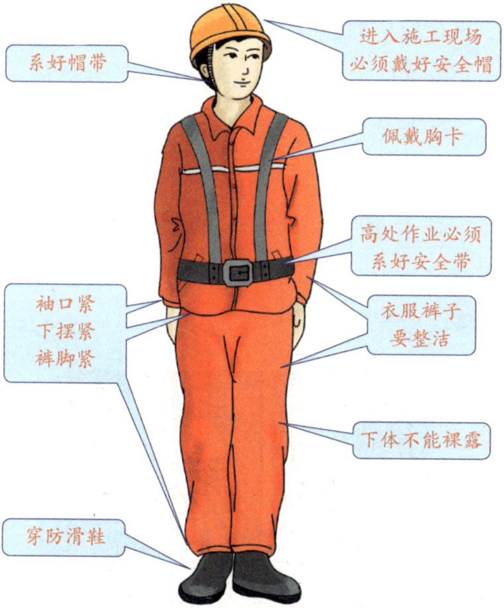

（5）作业前应有审批合格的专项施工方案并进行安全交底，针对作业内容进行 JSA 分析，各产品设备必须经过技术鉴定或检证方可使用，严禁将不合格器具带入场。交叉作业应采取“错时、错位、硬隔离”措施。

（6）各部位警示标示齐全、规范、醒目。在道路上（含居民区）及危险区域内施工，现场应设围栏、盖板和警告标志，夜间应设警示灯。

（7）光线不足时应有照明设备，30m 及以上高处作业时要有通信联络工具。

（8）设备设施连接稳固可靠、干净整洁，满足工艺要求，有安全防护措施。

（9）高温≥ 35℃、低温≤ 5℃下防暑、防寒措施要完善，高于 40℃，禁止露天作业。特殊天气应避免相关作业，极端天气过后，作业现场及劳动保护设施隐患应整改合格。

（10）视频监控满足作业现场全覆盖，作业使用的消防器材、通信设备、照明设备应完好。

第三章　作业要求及操作注意事项

本章主要介绍高处作业、动土作业、动火作业、吊装作业、受限空间作业、临时用电作业、盲板抽堵作业、无损检测、管道压力试验、邻近高压带电体类作业安全检查注意事项和相关设备的本质化安全检查事项及操作注意事项。

一、高处作业

高处作业时施工人员一定要正确佩戴安全帽，系好安全绳，穿上防滑鞋。

高处作业指在距离坠落高度基准面 2m 以上（含 2m）有坠落可能位置进行的作业，以及作业期间上下攀爬等空中移动过程。高处作业安全检查注意事项如下：

（1）经高处作业特殊培训的岗位人员及正常高处作业及检查时，无须办理高处作业许可证。

（2）安全带应挂在施工作业处上方的牢固构件上，系挂点下方有足够的净空。垂直攀爬高度超过 6m 无法系挂安全带的，设生命绳或防坠器等防护设施。

不得系挂在有尖锐棱角的地方

（3）攀爬时，禁止手中持物。工具应系安全绳，不用时放入套（袋），严禁抛物。

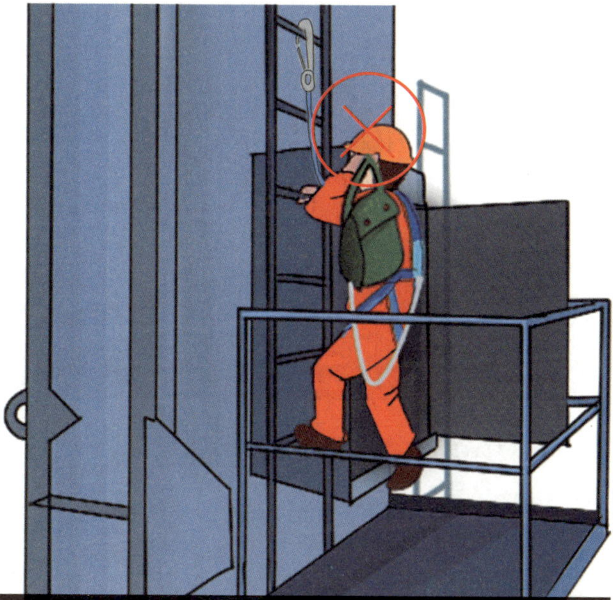

人员上下时手中不得持物

（4）高处作业之前，应进行安全防护设施的逐项检查和验收，并有验收记录。验收合格后，方可进行高处作业。

（5）在轻型材料上作业时，有脚手板、生命绳等可靠防护；严禁在未固定、无防护设施的构件、管道上进行作业或通行。

严禁在未固定、无防护设施的构件、管道上进行作业或通行

（6）移动操作平台操作注意事项具体如下：

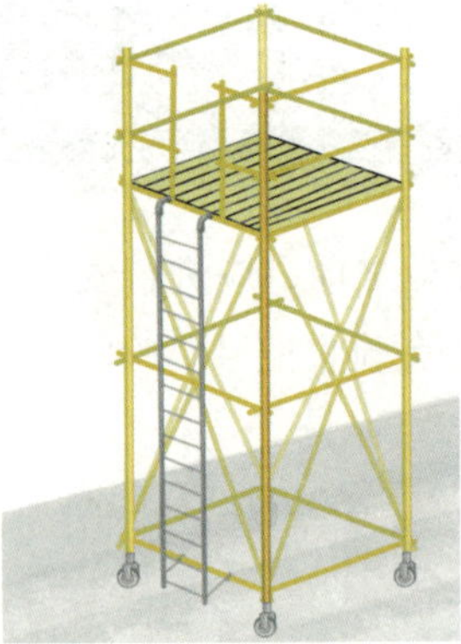

①移动式操作平台架体应保持垂直，不得弯曲变形，制动器除在移动情况外，均应保持制动状态。

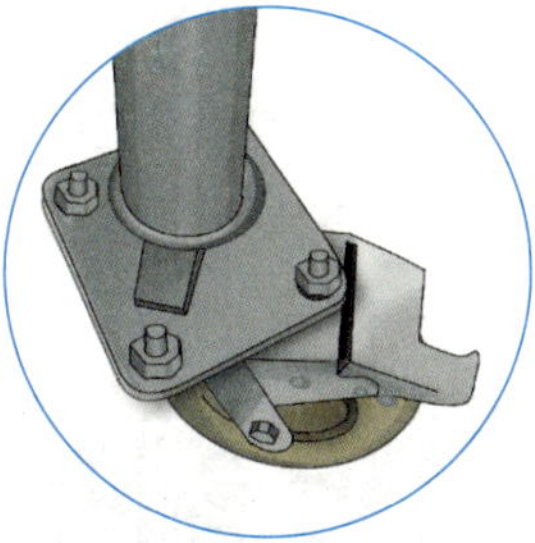

制动器

②移动式操作平台移动时，操作平台上不得站人。

（7）脚手架使用注意事项如下：

①作业脚手架、满堂支撑脚手架、附着式升降脚手架作业层应满铺脚手板，并稳固可靠。作业层边缘与结构外表面的距离 $>$ 150mm 时应采取防护措施。

②采用挂钩连接的钢脚手板，应带有自锁装置且与作业层水平杆锁紧。

③脚手架作业层外边缘应设置防护栏杆和挡脚板。

④作业脚手架底层脚手板应采取封闭措施。

⑤沿所施工建筑物每 3 层或高度 $<$ 10m 处应设置一层水平防护。

⑥作业层外侧应采用安全网封闭，密目式安全网应满足阻燃要求。

⑦当搭设高度在 24m 以下时，应在架体两转角及中间每隔不超过 15m 各设置一道剪刀撑，并应由底至顶连续设置；当搭设高度在 24m 及以上时，应在全外侧立面上由底至顶连续设置。

⑧高处铺设钢格板、花纹板时，应按组边铺设边固定。安装区域的下方采取拉设安全网、搭设脚手架平台等防坠落措施，且铺设过程中形成的孔洞要及时封闭。

⑨拆除脚手架、防护棚应满足工艺流程，禁止上下同时施工，设警戒线，专人监护，监护人不得从事与监护职责无关的事宜。

（8）吊篮使用注意事项如下：

①悬挂机构前支架严禁支撑在女儿墙上、女儿墙外或建筑物挑檐边缘。

②配重件应稳定可靠地安放在配重架上，并应有防止随意移动的措施。严禁使用破损的配重件或其他代替物。配重件的重量应符合设计规定。

③前、后支架与支撑面的接触应稳定牢固。

④吊篮内的作业人员不应超过 2 个。

⑤进行喷涂作业或使用腐蚀性液体进行清洗作业时，应对吊篮的提升机、安全锁、电气控制柜采取防污染保护措施。

⑥在吊篮内进行电焊作业时，应对吊篮设备、钢丝绳、电缆采取保护措施。禁止将电焊机放置在吊篮内，电焊缆线禁止与吊篮任何部位接触，电焊钳不得搭挂在吊篮上。

⑦吊篮正常工作时，人员应从地面进入吊篮内，不得从建筑物顶部、窗口等处，或其他孔洞处出入吊篮。

⑧吊篮做升降运行时，工作平台两端高差不得超过 150mm。

⑨下班后不得将吊篮停留在半空中，应将吊篮放置地面。人员离开吊篮、进行吊篮维修或每日收工后应将主电源切断，并应将电气柜中各开关置于断开位置并加锁。

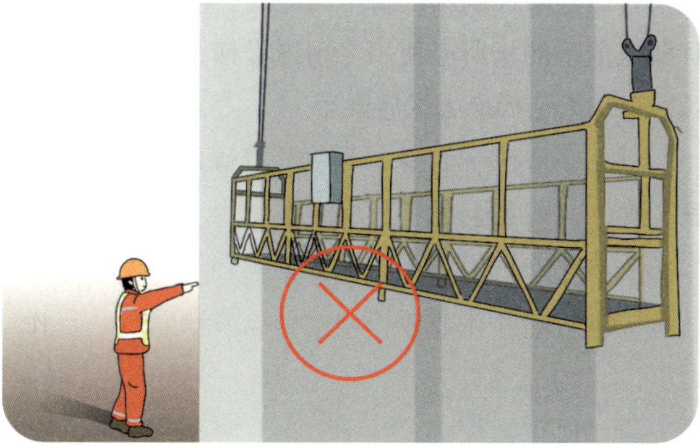

（9）梯子使用注意事项如下：

①一个梯子上只允许一人站立，并有一人监护，严禁带人移动梯子。上下梯子时应面向梯子，一步一级，双手不能同时离开梯子。

②直梯、延伸梯以及 2.4m 以上（含 2.4m）的人字梯，使用时应用绑绳固定或由专人扶住。

③若梯子用于人员上下工作平台，其上端应至少伸出支撑点 1m。支撑点以上的梯子部分（直梯或延伸梯）只可在上下梯子时作扶手用，禁止用其挂靠、固定任何设备或工具。

④在通道门口使用梯子时应将门锁住，严禁将梯子用作支撑架、滑板、跳板或其他用途。

⑤严禁在吊架上架设梯子。

⑥在电路控制箱、高压动力线、电力焊接等任何有漏电危险的场所应使用专用绝缘梯，延伸梯应收缩后搬运，人字梯应合拢后搬运。

（10）高处作业结束，现场检查确认无安全隐患后签字确认，关闭作业许可。

二、动土作业

动土作业指在油田生产区域内（含生产生活基地）进行的挖土、打桩、钻探、坑探地锚入土深度在 0.5m 以上的作业（包括交通道路、消防通道上进行的施工作业）；使用推土机、压路机等施工机械进行填土或平整场地等可能对地下隐蔽设施产生影响的作业。动土作业安全检查注意事项如下：

（1）挖掘深度超过 1.2m 的坑、槽、沟等作业，具体包括：

①禁止在上端边沿站立、行走，禁止在坑、槽、井、沟内休息，禁止在土壁上挖洞攀登。

②边缘安放机械、铺设轨道及通行车辆应保持适当距离。

③拆除固壁支撑时应从下而上进行，更换支撑应先装新后拆旧。

④在生产装置区、罐区等危险场所动土遇到埋设的易燃易爆、有毒有害介质管线、窨井等应执行受限空间作业。

（2）使用机械挖掘时人员禁止进入机械旋转半径内。作业中操作人员不得擅离岗位，现场应设置专人指挥或监护。挖掘机当铲斗未离开工作面时不得作回转、行走等动作，回转时严禁铲斗从运输车驾驶室顶越过。

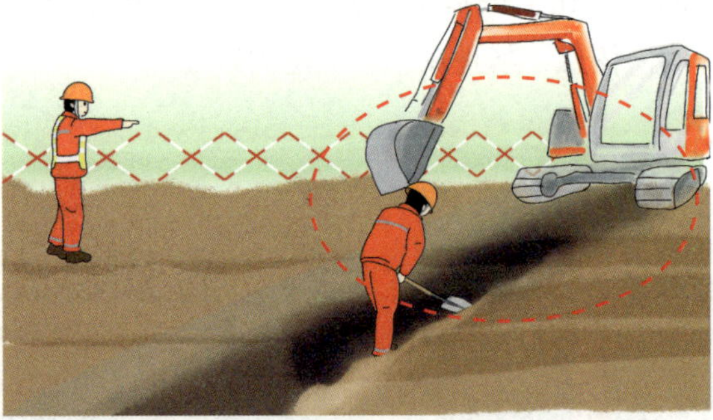

（3）两人以上同时挖土时应相距 2m 以上。两台以上推土机在同一区域作业时，前后距离不得小于 8m，平行时左右距离不得小于 1.5m，挖掘机间距应大于 10m。

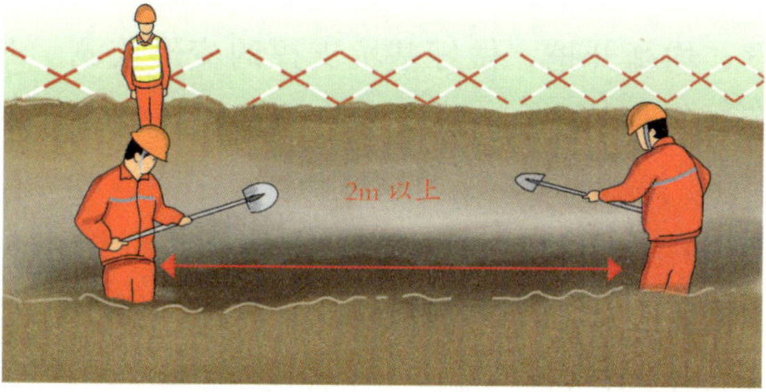

（4）在道路上（含居民区）及危险区域内施工，现场应设围栏、盖板和警告标志，夜间应设警示灯。在消防主干道上动土作业必须分步施工，确保消防车可以顺利通行。

（5）夜间或雨、雪、雾天动土作业需断路时，道路作业警示灯设置高度应高于地面 1.5m 并反映作业区域轮廓；夜间警示灯灯光应在 150m 以外清晰可见连续、闪烁或旋转的红灯。

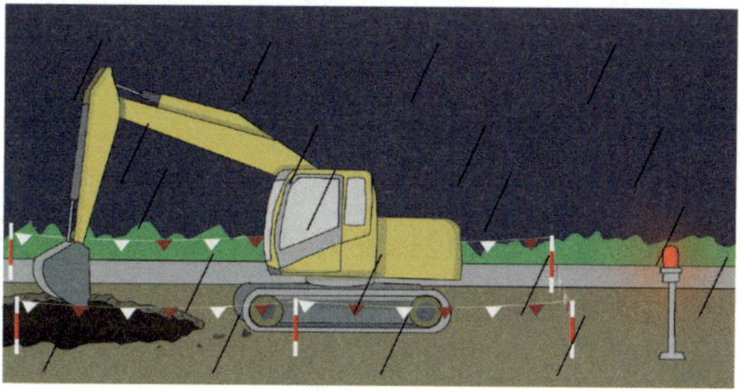

（6）基坑开挖应按设计和施工方案要求，分层、分段、均衡开挖，做好基坑支撑的变形监测。开挖深度≥2m的周边必须安装防护栏杆并应符合规范要求。

（7）基坑内应设置供施工人员上下的专用梯道，梯道宽度应≥1m，并应设置扶手栏杆。长度超过8m的基坑内，作业面两端应至少各设1个应急出入通道。

（8）禁止在支护结构上堆放重物，禁止在支护结构下方站立或行走。

（9）基坑开挖深度范围内有地下水时应采取有效降排水措施。降水后基坑内的水位应低于坑底0.5m。

（10）降水井口应设置防护盖板或围栏，作业完毕及时封堵填实。

（11）动土作业结束，现场检查确认无安全隐患后签字确认，关闭作业许可。

三、动火作业

动火作业是指在具有火灾爆炸危险场所内进行的涉火施工作业，主要包括各类焊接、热切割、明火作业及产生火花的其他作业等。动火作业安全检查注意事项如下：

（1）气瓶

①气瓶合格无缺陷，附件齐全完好有效；有定期检验合格钢印标识和永久制造标志，在有效期内。

②防震圈无松脱、滑落，瓶阀与气瓶螺纹匹配且密封可靠。

③乙炔瓶阀配置专用的减压阀和回火防止器。

④气瓶的橡胶软管无气孔、裂纹和其他缺陷。乙炔气用红色橡胶软管，氧气用蓝色橡胶软管，氩气用黑色橡胶软管，不得混用。

⑤乙炔瓶瓶身为白色，氧气瓶为淡蓝色，氩气瓶为银灰色。

（2）电焊机

①电焊机械放置在防雨、干燥和通风良好的地方。

②交流弧焊机变压器进线处有防护罩；焊把线绝缘性良好，无破损、裂缝；焊钳绝缘无破损。

（3）手持式、移动式电动工具

①工具有认证标志和定期检查合格标志。

②外壳、手柄、插头、开关、负荷线、机械防护装置等完好，接地保护线连接良好。

③手持式、移动式电动工具必须做到“一机一闸一保护”。

④一般作业现场，应使用Ⅱ类工具。

（4）柴油发电机

①说明书、产品合格证、保养记录、运行记录齐全，铭牌与报验材料一致。

②传动部位防护装置安全可靠。

③电压表、电流表、压力表、电度表等主要表计完好，在校验期内。

④重复接地及防雷接地为同一接地体，电阻$<4\Omega$，漏电保护器灵敏可靠。

⑤机组润滑装置、冷却装置齐全可靠，无渗漏现象。

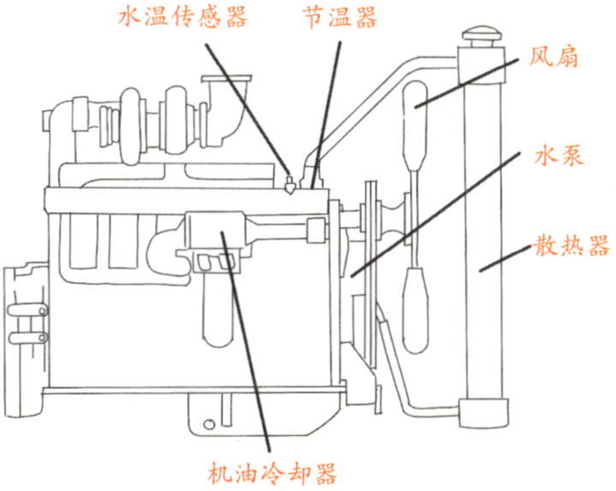

⑥机组运行正常，无异常声响、剧烈振动和超温现象。

（5）其他设备设施要求

①动火前 30min 内使用两台合格的检测仪对动火点和周边环境进行气体检测。

②作业中涉及的脚手架、起重机械、电气设备、施工机械等应符合相应的标准和规范要求。

③与动火点相连接的管线、容器等设备物料切断和能量隔离有效，作业部位贴挂标识或做标记。

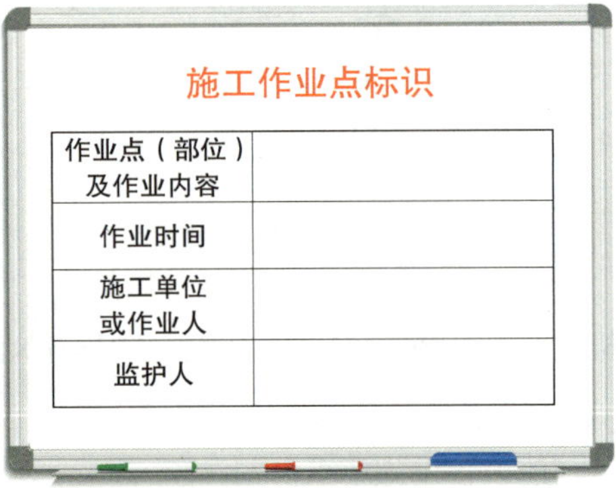

④动火作业前，对现场和作业全过程存在的安全风险进行分析。

⑤在动火前清除现场一切可燃物，消防器材完备良好。

⑥在动火过程中，监护人不得擅自离开作业现场且不得从事与监护无关的工作。确需离开时，收回作业人的动火作业许可证，暂停动火作业。

⑦高处动火作业可能影响下方人员或设备设施安全的，应采取防止火花飞溅、散落等措施。

⑧动火作业涉及多个单位或存在交叉作业时，应由属地单位组织相关单位落实“错时、错位、硬隔离”等安全风险防控措施。

⑨使用气焊、气割动火作业时，乙炔瓶应直立放置，氧气瓶与乙炔瓶的间距大于 5m，二者与动火点间距大于 10m。

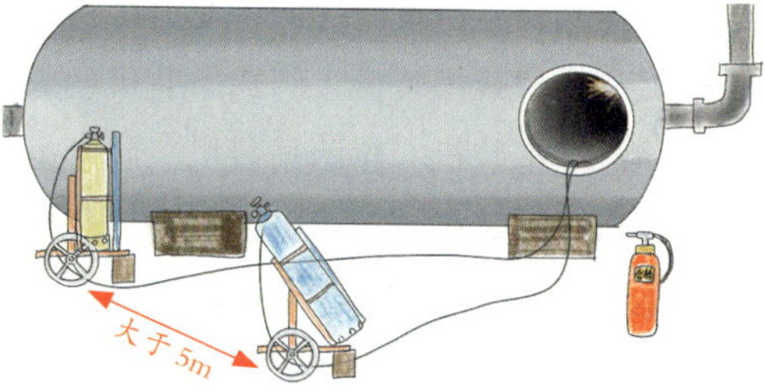

⑩动火作业中断需恢复时，监护人应对前期 JSA 分析结果进行复核，确认无变化后方可恢复。

⑪当发现动火部位与许可证不相符或安全风险防控措施不落实时，监护员有权制止动火；当动火出现异常情况时应及时采取措施，作业人员有权停止动火。

⑫在动火作业后应全面检查现场，确保设备内外部无热熔渣遗留，防止粉尘阴燃。

⑬动火完工验收后，电子作业许可记录及档案需永久保存。

⑭ 动火作业结束后，基层单位或班站应组织施工单位对现场进行检查，确认无安全隐患后签字确认、关闭作业许可，方可撤离。

四、吊装作业

吊装作业是指利用吊装机械将设备、工件、器具材料等吊起，使其发生位置变化的作业过程。

吊装机械是指桥式吊装机、门式吊装机、装卸桥、缆索吊装机、汽车吊装机、轮胎吊装机、履带吊装机、铁路吊装机、塔式吊装机、门座吊装机、桅杆吊装机、液压提升装置、升降机、电葫芦及简易吊装设备和辅助用具（如吊篮）等。不包括浮式吊装机，矿山井下提升设备、载人吊装设备和石油钻井提升设备。

吊装作业安全检查注意事项如下：

（1）吊装重量大于 40t 的重物，或不足 40t 但形状复杂、刚度小、长径比大、精密贵重、作业条件特殊的物件，必须编制吊装作业方案。作业方案由施工单位负责编制。

（2）吊装指挥人员、司索人员（吊装工）和吊装机械操作人员，应持有当地政府相关部门颁发的《特种作业人员操作证》，方可从事指挥和操作。

（3）吊装机械和吊具完好可靠，吊钩保险扣有效，钢丝绳无断股，确认吊装区域内安全。

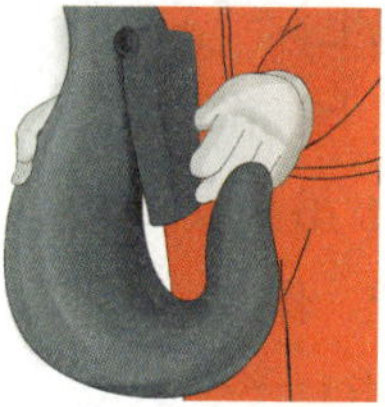

（4）正式起吊前应进行试吊，全部机具受力均衡。

（5）起吊重物就位前，不许解开吊物锁具，禁止人员随吊装设备或吊装机具升降。

（6）禁止在雨、雾天露天吊装作业，在吊装过程中如因故中断，必须采取安全措施，不得使设备或构件悬空过夜。

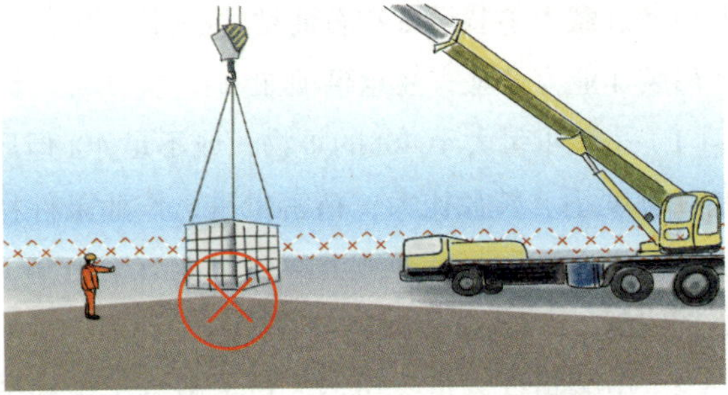

（7）起吊物件落下的位置必须用方木或其他材料进行支垫，确保物件落下后顺利抽取钢丝绳。

（8）完工后，将吊钩和起重臂放到规定的稳妥位置，所有控制手柄均应放到零位，对使用电气控制的起重机械，应将总电源开关断开。

（9）对在轨道上工作的起重机应有效锚定。

（10）将索具、吊具收回放置于规定的地方，并对其进行检查、维护、保养。

五、受限空间作业

受限空间作业指在进出口受限，通风不良，可能存在易燃易爆、有毒有害物质或缺氧，对进入或探入人员的身体健康和生命安全构成威胁的封闭、半封闭设施及场所，如反应器、塔、釜、槽、罐、炉膛、锅筒、管道以及地下室、窨井、坑（池）、下水道或其他封闭、半封闭场所进行的作业。受限空间作业安全检查注意事项如下：

（1）严格遵守“先通风、再检测、后作业”的原则，可燃气体、有毒气体检测分析结果符合要求，若检测不合格，禁止进行受限空间作业。

（2）对难以实施视频监控的作业场所，应在受限空间出入口设置视频监控。

（3）检测人员进入或探入受限空间检测时应佩戴符合规定的个体防护装备，人员及工器具应进行登记，作业完毕后再次清点。表 3–1 为在受限空间作业时，劳动防护用品选择参考。

表 3–1　劳动防护用品选择参考

受限空间存在的有害因素	劳动防护用品选择参考
易燃易爆介质	穿阻燃防静电工作服及工作鞋，使用防爆工具，电焊作业时应穿绝缘鞋
酸碱等腐蚀性介质	穿戴防酸碱防护服、防护鞋、防护手套等防腐蚀装备
噪声	佩戴耳塞或耳罩等防噪声护具
粉尘	佩戴防尘口罩、眼罩等防尘护具
高温	穿戴高温防护用品，必要时采取通风、隔热等防护措施
低温	穿戴低温防护用品，必要时采取供暖措施

（4）严禁采用水封或关闭阀门代替盲板。

（5）受限空间作业期间，严禁进行各类与该受限空间有关的试车、试压或试验、涂刷等其他可能产生有毒有害、可燃物质的作业。

（6）接入受限空间的电线、电缆、通气管应在进口处进行保护或加强绝缘，且应避免与人员使用同一出入口。

（7）作业现场应配置便携式或移动式气体检测报警仪，连续检测受限空间内可燃气体、有毒气体及氧气浓度；发现气体浓度超限报警，应立即停止作业、撤离人员，重新检测合格后方可恢复作业。

（8）受限空间内无作业时，应将出、入口临时封堵，并设置明显的禁入标识。

（9）作业结束后，应对受限空间进行全面检查，清点人数和工具，确认无误后，施工单位和基层单位双方签字验收，人孔立即封闭或用人孔封闭器警示标识。

六、临时用电作业

临时用电指在正式运行的电源上所接的非永久性用电。临时用电作业安全检查注意事项如下：

（1）在临时用电有效期内，如遇施工过程中停工、人员离开时，应断电上锁。重新施工时，对线路、设备检查确认后方可送电。

（2）临时用电设施应做到“一机一闸一保护”。

（3）临时用电的漏电保护器使用前应进行漏电保护试验，严禁在试验不正常情况下使用。

（4）临时用电线路经过火灾爆炸危险场所以及有高温、振动、腐蚀、积水及产生机械损伤等区域，不应有接头，并应采取相应的保护措施。

（5）临时用电架空线应采用绝缘铜芯线，设在专用电杆或支架上，严禁设在树木和脚手架上。

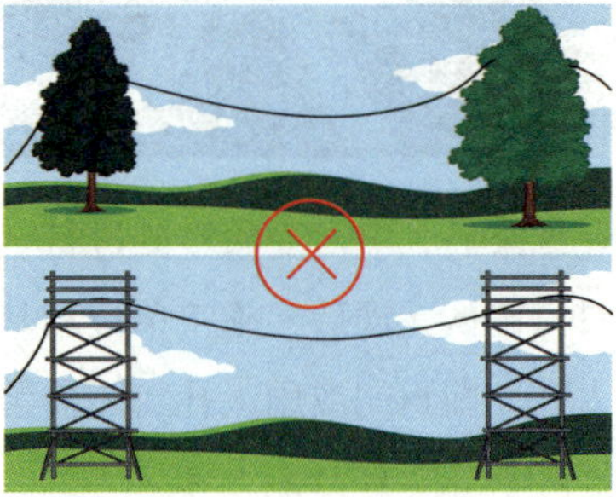

（6）对需埋地敷设的电缆线路应设走向标志和安全标志。电缆埋地深度不应小于 0.7m，穿越道路时应加设防护套管。

防护套管

（7）配电箱、开关箱周围应有足够 2 人同时工作的空间和通道，不得堆放任何妨碍操作、维修的物品，不得有灌木、杂草。

（8）手持式电动工具的外壳、手柄、插头、开关、负荷线等必须完好无损。

（9）照明灯具的金属外壳必须与 PE 线相连接，照明开关箱内必须装设隔离开关、短路与过载保护电器和漏电保护器。

（10）室外 220V 灯具距地面不得低于 3m，室内不得低于 2.5m。

（11）行灯电压不应超过 36V，在特别潮湿的场所或金属设备内作业，不应超过 12V。

七、盲板抽堵作业

盲板抽堵作业是指在设备抢修、检修及设备开停工过程中，设备、管道内可能存有物料（气、液、固态）及一定温度、压力情况时的盲板抽堵，或设备、管道内物料经吹扫、置换、清洗后的盲板抽堵。盲板抽堵作业安全检查注意事项如下：

（1）盲板选用应平整、光滑，无裂纹和孔洞，高压盲板使用前应经超声波探伤。

（2）在火灾爆炸危险场所，作业人员应穿阻燃防静电工作服，使用防爆灯具与防爆工具。有可燃气体挥发时，应采取水雾喷淋等措施，消除静电，降低可燃气体危害。

（3）不应在同一管道上同时进行两处或两处以上的盲板抽堵作业，不得破坏管道原有的防静电积聚设施。

（4）作业时人员要站在上风向，不得正对法兰缝隙。

（5）在拆除螺栓时，应对称拆除，拆除最后两条对称螺栓前应再次确认管道设备内无压力。需拆卸法兰的管道距支架较远时，应加临时支架或吊架，防止拆开法兰螺栓后管线下垂。

（6）盲板抽堵作业完毕，由盲板抽堵作业单位、基层单位、安全监管部门共同检查确认。

八、无损检测

无损检测指是在不损害或不影响被检测对象使用性能的前提下，采用射线、超声、红外、电磁等原理技术并结合仪器对材料、零件、设备进行缺陷、化学、物理参数检测的技术。无损检测安全检查注意事项如下：

（1）在开展放射性工作之前，必须做好所用设备和监测仪器的检查，与周围其他作业人员所在的项目管理部门和现场 HSE 管理人员沟通好，划定好作业区间，确定作业时间，确保无关人员安全撤离。作业前办理作业许可证。许可证由项目部安全负责人批准后执行。

（2）放射人员应对放射场所进行剂量监测，对一些重要路口和人员经常出入的道口要派专人看守并设置声光报警器。

（3）放射同位素在使用过程中，必须由持证的专业人员操作，必须使用两台性能良好的剂量仪对整个工作过程进行不间断监控。

（4）放射人员自身防护措施：

①时间防护。在允许条件下，应尽量缩短照射时间。

②距离防护。在满足作业要求的条件下，应尽量加大与射线源的距离。

③屏蔽防护。尽可能利用一切可以屏蔽的物体，对作业者进行防护。

（5）X 射线探伤人员现场工作时，必须佩戴个人剂量仪（牌）和报警器并穿戴好防护服加自身的射线防护。

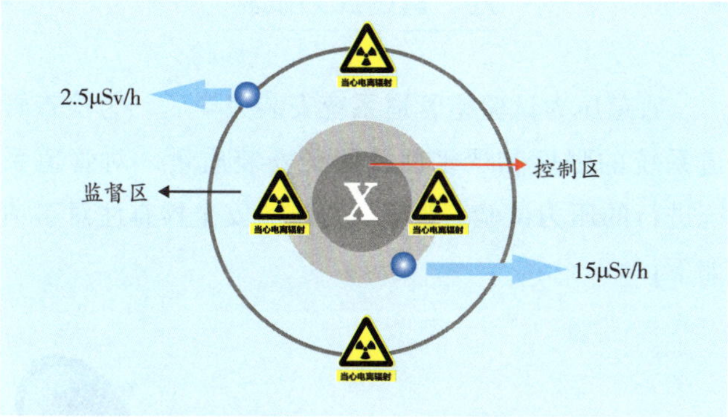

X 射线现场作业控制区与监督区的确定

（6）现场进行室外 X 射线探伤时，遇到雨天或雨后场地潮湿时，不得进行探伤操作，以免发生触电事故。

（7）对装有易燃易爆以及有毒有害介质的容器或管道进行检修和探伤前，首先必须放空，并进行空气置换，经化学分析合格后才能进行探伤。

（8）对密闭容器进行探伤前，必须打开全部人孔，要求通风良好，必要时应进行强制机械通风，并在容器外部配备监护人员。

（9）辐射巡测仪及个人剂量仪应定期校准，并在有效期内使用。

九、管道压力试验

管道压力试验指管道系统安装完毕后，为检查管道系统的强度和严密性及保证安装质量，对管道系统进行的压力试验。管道压力试验安全检查注意事项如下：

（1）当环境温度低于5℃时，应采取防冻措施。

（2）管道的升压应控制升压速度，缓慢升压，以免冲击管道，升压速度应符合试压方案的要求。

（3）试压过程中应使用望远镜或数字化装置远距离录取数据，禁止现场观察各类仪表。

（4）检漏人员不要正对法兰连接处检漏。

（5）试压过程中无关人员禁止进入警戒区域。

（6）试压经过验收通过后，要按照一定的速率减压，防止引起管道颤动。减压的整个过程中要特别小心。要缓慢地开关放水阀，防止水击荷载损伤组装管道，阀门不得完全打开降压。

（7）试压后的用水应使用水车拉走处理或采用净化达标后就地排放，就地排放应取得当地政府允许。排水完成后，应尽快将管段内积水清扫干净，清扫出的污物应排放到规定区域，禁止随意乱排乱放。

（8）强度及严密性试验合格后，拆卸所有的现场接头和仪表。

（9）试压工作全部结束后，要将仪器、设备及时清出现场，试压完工验收后企业应对许可证实施统一存档管理，至少保存1年。

十、邻近高压带电体类作业

邻近高压带电体类作业指在运行中的电压等级在1000V及以上的发电、变电、输配电（线路保护区内）和用户电气设备附近进行的可能影响电气设备和人员安全的一切作业。邻近高压带电体作业安全检查注意事项如下：

（1）在带电杆塔上进行测量、防腐、巡视检查、校紧螺栓、清除异物等施工时，作业人员活动范围及其所携带的工具、材料等，与带电导线的最小距离应满足表3-2规定的安全距离要求。

表 3–2　在带电线路杆塔上工作与带电导线最小安全距离

电压等级 /kV	安全距离 /m
10kV 及以下	0.70
20、35	1.00
66、110	1.50
220	3.00

注：表中未列电压等级按高一挡电压等级确定安全距离。

（2）作业人员在邻近带电线正常活动范围与设备带电部分的安全距离，应满足表 3–3 的规定，并采取安全隔离防护措施。

表 3–3　作业人员作业中正常活动范围与设备带电部分的安全距离

电压等级 /kV	安全距离 /m
10kV 及以下	0.35
35	0.60
110	1.50
220	3.00

注：表中未列电压等级按高一挡电压等级确定安全距离。

（3）在户外 10（6）kV 及以上高压配电装置场所的行车通道上，应根据表 3–4 的规定设置行车安全限高标志。

表 3-4　车辆（包括装载物）外廓至无遮栏带电部分之间的安全距离

电压等级 /kV	安全距离 /m
10kV 及以下	0.95
35	1.15
110	1.65（1.75）
220	2.55

注：括号内数字为 110kV 中性点不接地系统使用。

（4）下列情况的安全距离应符合表 3-5 的规定。

表 3-5　邻近或交叉其他电力线工作的安全距离

电压等级 /kV	安全距离 /m
10kV 及以下	1.0
20、35	2.5
66、110	3.0
220	4.0
330	5.0
500	6.0
750	9.0
1000	10.5

注 1：表中未列电压等级按高一挡电压等级确定安全距离。

注 2：750kV 数据是按海拔 2000m 校正的，其他等级数据是按海拔 1000m 校正的。

①锚固杆塔维修线路施工时，应保持锚固拉线与带电导线的安全距离符合表 3–5 的规定；

②上层线路带电，下层线路放线、撤线或紧线时，应采取措施保证导（地）线由于摆（跳）动或其他原因而与带电导线的安全距离符合表 3–5 的规定。

（5）起重机具与架空电力线及其他带电体的最小安全距离应符合表 3–6 的规定。

表 3–6　起重机具与架空电力线及其他带电体的最小安全距离

电压 /kV	<1	1~10	35~66	110	220	330	500
最小安全距离 /m	1.5	3.0	4.0	5.0	6.0	7.0	8.5

注：表中未列电压等级按高一挡电压等级确定安全距离。

（6）在交叉挡内进行松紧、降低或架设导（地）线的工作，只有停电作业线路在带电线路下面时方可进行。

（7）停电作业的线路邻近或交叉其他带电线路时，作业人员、作业机具和工器具等与带电导线的安全距离如不符合表 3–5 的规定，则该线路也应停电并予接地。

（8）停电作业线路的名称、杆号和识别标记无误，线路确已停电并装设好接地线后，现场负责人方可宣布开始作业，作业人员才可登杆塔作业。

（9）在杆塔上工作时，严禁进入带电侧的横担或在该侧横担上放置任何物件，绞车等牵引工具和放落、架设过程中的导线应接地。

第四章　承包商管理

本章主要介绍承包商作业安全检查注意事项。

一、人员要求

（1）承包商涉及职业病危害的所有人员应有职业健康体检合格证明，无从事作业所涉及的职业禁忌证，现场作业人员的年龄不应超过法定退休年龄。

（2）承包商所有人员应通过当地公安系统进行身份信息采集、比对。禁止非法人员进入现场。

（3）承包商特种作业人员、特种设备作业人员进行实操技能验证，发包人应对劳务人员进行业务技能考评、验证。

（4）承包商人员接受安全管理部门组织开展的入厂（场）安全教育、承包商管理人员专项安全培训。作业许可开票人、监护人、审批人具备相应资格。

二、安全交底

（1）安全技术措施或专项施工方案已经过监理单位审查、建设单位批准。

（2）项目实施主管部门应对承包商进行安全技术交底，明确项目内容、危害因素及风险防控措施等；施工作业单位应向企业详细说明施工作业方案及安全技术措施。

（3）施工作业单位技术人员应将相关安全技术措施要求向施工作业班组人员详细交底，并由相关方签字确认。

三、现场确认

（1）现场安全风险识别有效。

（2）施工作业机器具安全技术性能完好，已由监理单位检查、验收确认。

（3）承包商关键管理人员配备到位。

四、施工现场管理

（1）野外施工作业现场无法做到封闭管理的，应设置警示带，划定警戒区，杜绝无关人员和车辆进出。

（2）无业主相关人员带领，承包商人员不得进入生产区域。进入生产区域的承包商人员，不得擅动生产设备设施，未经许可不得擅自进入其他区域和场所。

（3）两个及以上承包商在同一作业区域内作业时，项目实施主管部门应组织相关方签订施工作业安全管理协议，并指定专人进行现场协调、管理，边生产、边施工作业应开展安全风险分析，制定严格的作业程序和安全措施。

（4）承包商关键管理人员应按要求在场履职，未经业主允许不得擅自离场和更换。现场未成立作业班组的不得施工。

（5）特殊作业以及危险性较大的施工作业现场必须实施全程视频监控。

五、完工管理

（1）作业完毕，经签发人现场检查，确认无遗留安全隐患后，办理作业票关闭手续。

（2）施工现场清理干净，包括建筑垃圾、废弃物等，确保通道畅通。

（3）收集安全资料，整理归档。